了不起的中国超级工程

鹿 临 / 主编

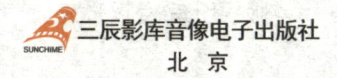

三辰影库音像电子出版社
北京

图书在版编目（CIP）数据

了不起的中国. 超级工程 / 鹿临主编. — 北京：三辰影库音像电子出版社，2023.1（2024.1 重印）
ISBN 978-7-83000-569-6

Ⅰ. ①了… Ⅱ. ①鹿… Ⅲ. ①科技成果－中国－青少年读物②重大建设项目－概况－中国－青少年读物 Ⅳ. ①N12-49

中国版本图书馆 CIP 数据核字(2022)第 161749 号

了不起的中国. 超级工程

著　　者：	梁　艳
责任编辑：	龙　美
责任校对：	韩丽红
出版发行：	三辰影库音像电子出版社
社址邮编：	北京市朝阳区金海商富中心 B 座 1708 室，100124
联系电话：	（010）59624758
印　　刷：	天津泰宇印务有限公司
开　　本：	880mm×1230mm　1/32
字　　数：	192 千字
印　　张：	10
版　　次：	2023 年 1 月第 1 版
印　　次：	2024 年 1 月第 2 次印刷
定　　价：	68.00 元（全 4 册）
书　　号：	ISBN 978-7-83000-569-6

版权所有 侵权必究

前言

　　我们的中国，是一个有着五千年灿烂文明的古国，有着深厚的历史文化底蕴。在人类漫长的发展进程中，我们的祖先创造了光辉灿烂的物质文明和精神文明，推动了人类社会的发展，影响了世界文明的前进。

　　我们的中国是一个了不起的国家，举世闻名的"四大发明"，名扬海外的丝绸和瓷器，人造卫星升空，"两弹"试爆成功，三峡大坝投入使用，南水北调、西气东输开启，国产航母下海，国产大飞机首飞，复兴号列车飞速疾驰等接踵而来的突破创新，让人刮目相看的卓越成就，充分说明了中国综合国力的增强，充分显示了中国的崛起和复兴，让我们感受到了"中国力量"，体会到了真正的"了不起"。

　　今天的中国正在奋发图强、自主创新、飞速发展，在众多领域不断突破，缔造出一个又一个"中国奇迹"。为了让广大少年朋友了解和感受到更多的"中国力量"，

了不起的中国

　　我们精心编撰了这本《了不起的中国》，详细介绍了我们的祖国取得的举世瞩目的成就，这里不仅能看到"北斗"导航系统、中国"天眼"等大国重器，5G技术、"墨子号"量子科学实验卫星等强国科技，还能看到港珠澳大桥、高速铁路工程、南极科考项目等超级工程，以及丝绸之路、农耕文化、传统文学等辉煌文明。通过阅读本书，你将感受到今日中国飞速发展带来的震撼，尊崇先辈们不畏艰险、埋头苦干、开拓进取的美好情操。

　　少年强则国强！希望本书不仅能拓展青少年的知识面，还能让他们看到中国发展的崭新面貌和后续力量，激发他们强烈的爱国热情和自强不息的精神，为努力实现中国梦而努力！

目录

港珠澳大桥

艰辛的建设历程……………………………………… 2
独特的结构…………………………………………… 3
独特环保的设计方案………………………………… 3
凝聚中华文化元素的艺术造型……………………… 4
S形的曼妙身姿………………………………………… 5

杭州湾跨海大桥

高效的建设历程……………………………………… 7
为"金三角"经济中心镶上金边……………………… 8
"大鹏擎珠"式的"海天一洲"………………………… 8
创新技术的孕育……………………………………… 9
丰硕的荣誉成果……………………………………… 10

南京大胜关长江大桥

铁路桥梁建设行业中的大手笔……………………… 12
世界罕见的桥梁结构………………………………… 13

了不起的中国

创新精神的结晶 …………………………… 14
丰硕的荣誉成果 …………………………… 14
精致的文化纪念币 ………………………… 15

云天渡

凝聚着中华文化的佳作 …………………… 17
独特新颖的建筑构造 ……………………… 18
辉煌的科研成果 …………………………… 20

中国高铁

强大的中国高铁网络 ……………………… 23
世界先进水平的高铁智能系统 …………… 24
中国高铁的核心技术 ……………………… 25
中国高铁技术的不断升级 ………………… 26

中国地铁

中国地铁工程的伟大历史时刻 …………… 28
标准且智能化的中国地铁 ………………… 30
高效节能的好手 …………………………… 31

青藏铁路

人类无畏险境的杰作 ……………………… 33
多项世界纪录的创造者 …………………… 34
攻克千里冻土难题 ………………………… 35

高效智能的运行系统……………………………… 36

大兴国际机场

雄伟大气的航空枢纽杰作……………………… 39
外观独特的航站楼……………………………… 40
庞大的航运网络………………………………… 41

上海洋山深水港

宏伟壮观的洋山港区…………………………… 44
三大优势助力洋山港发展……………………… 46
智能高效的上海洋山深水港…………………… 46
洋山保税港区…………………………………… 47

上海中心大厦

雄伟壮观的建筑杰作…………………………… 50
高端大气的建筑布局…………………………… 50
科技"智"造的结晶……………………………… 52

海上风电项目

发展势头强劲的海上风电项目………………… 55
绿色发电的海上风电场………………………… 55
上海市东海大桥海上风电场…………………… 56
三峡阳江沙扒海上风电场……………………… 56
先进的海上风机支撑技术……………………… 57

南极科考项目

中国的南极科考站 ················· 60

三峡工程

大器晚成 ······················· 65
超强的防洪功能 ··················· 66
超强的发电实力 ··················· 67
安全高效的航运能力 ················ 67

奥运工程

孕育生命的摇篮——"鸟巢" ············ 70
"天圆地方"理念催生的"水立方" ········ 71

港珠澳大桥

在中国珠江口波澜壮阔的伶仃洋海域，有一条震惊世界的"巨龙"横跨着整个伶仃洋。它就是世界上最长的跨海大桥——港珠澳大桥。它全长55千米，将香港、澳门、珠海三地连为一体，提升了珠三角地区的综合竞争力。这条腾飞着的"巨龙"是人类的一大壮举，谱写着粤港澳大湾区发展的新篇。

艰辛的建设历程

港珠澳大桥这个举世瞩目的超级工程,其设计与施工难度刷新了当时的多项世界纪录,因空前的施工难度和顶尖的制造技术闻名于世。这项工程自2009年12月15日正式开工建设,于2018年10月正式建成通车。港珠澳大桥给建造者们提出了众多难题,如处于外海、水文气象条件复杂,规模大、工期短、工序多、专业广、要求高等。雄心壮志的中国工程师们不畏艰辛,毅然将港珠澳大桥在道路设计、使用年限以及防撞防震、抗洪抗风等方面,都做到了当时的世界领先水平。

独特的结构

港珠澳大桥由海中部分主体工程、两个口岸人工岛和三条连接线组成。它就像一条用银线将海域"珍珠"串联起来的项链,优雅高贵地点缀着广阔无垠的湛蓝海面,形成"珠联璧合"的景象。

独特环保的设计方案

港珠澳大桥集桥、岛、隧为一体,成为世界上最长、建造难度最大的跨海大桥。它拥有着世界上最长、施工最精细的海底沉管隧道,而且整座桥的设计使用寿命达到了惊人的120年,在世界上极为罕见。为了保证货运量在世界前列的香港国际机场的飞行安全,整座桥没有超过200米的桥塔。为了保护居住于伶仃洋海域的中华白海豚,整个工程的施工,严格按照环保标准进行,降低对中华白海豚的影响。

◎ **人工岛的卓越建设**

港珠澳大桥人工岛的建造,采用了世界首创的深插钢圆筒快速成岛技术。先将钢圆筒依据北斗卫星定位,准确插入海底指定的位置,接着用水泵抽掉钢圆筒中的海水,将一百多个钢圆筒围成两个椭圆,定好形后再往钢圆筒中填上泥沙。人工岛的"地基"就建好了。

◎ 创造奇迹的海底隧道

海底隧道的建造，是整个工程的难点。首先，工程师们要在海底挖出一条深沟，作为海底隧道的基槽。在平整、坚固的基槽上，还要打造一种可以将海水与道路分开的密闭空间，使得车辆能在其中顺利通行。中国工程师创新性地采用了目前世界上最难的工程技术——外海深水沉管施工，并创造了滴水不漏的建设奇迹。他们使用33节密闭沉管，连接起了6.7千米的海底隧道，每节沉管长约180米，排水量达8万吨。建造这些沉管的材料，足以建造出好几座800多米高的迪拜塔了。

凝聚中华文化元素的艺术造型

港珠澳大桥既有新颖的艺术造型，又汇聚了经典的中华文化元素，成为伶仃洋上一道绚丽的风景线。它的桥体矫健轻盈，犹如长虹卧波；它的桥塔有中国结、白海豚、风帆三种吸睛的外形；东西人工岛的造型，汲取了当地盛产的蚝贝元素，大气而不失活泼；它的香港口岸旅检大楼，采用了波浪形的顶篷设计，优雅大方；它作为一座满足抗风、抗震要求的双塔双索面钢箱梁斜拉桥，结构稳定，造型美观。这些设计在凝聚着中华文化精髓的同时，又寓意着人与自然的和谐发展。

S形的曼妙身姿

由于要降低阻水率，桥墩的轴线方向要与水流方向取平，中国工程师根据复杂的水流方向，不断修正桥身的走向，最后形成了拥有S形曼妙身姿的港珠澳大桥。这样的造型不仅美观，还可以引导大海中水流的方向。此外，S形桥身可以转换司机的视角，缓解司机的视觉疲劳，有助于降低交通事故的发生率。

为什么花巨资建造港珠澳大桥？

曾让南宋爱国诗人文天祥留下"零丁洋里叹零丁"这句千古名句的伶仃洋，是世界上最重要的贸易通道之一。过去，人们经陆路从珠海、澳门去往香港，需要花费3个小时的时间。港珠澳大桥建成后，人们驾车大约30分钟即可抵达目的地。这极大降低了交通成本，便利了人们的生活，促进了经济的发展。

杭州湾跨海大桥

在中国浙江省杭州湾的海域上，有一座跨海大桥，连接着嘉兴市与宁波市，成为两座城市之间重要的交通枢纽，是沈阳—海口高速公路（国家高速G15）的组成部分，也是浙江省东北部城市快速路的重要构成部分。它就是杭州湾跨海大桥。它像海域上一道美丽的彩虹，运送着城市间川流不息的车辆。

高效的建设历程

杭州湾跨海大桥于2003年6月正式奠基建设，于2007年6月完成合龙工程，全线贯通，并于2008年5月1日正式通车运营。它北起浙江省嘉兴市海盐枢纽，上跨杭州湾海域，南至浙江省宁波市庵东枢纽，全长36千米，桥面是双向六车道的高速公路。大桥由海中平台、南北航道孔桥、水中区引桥、滩涂区引桥、陆地区引桥、各座桥塔及各立交匝道组成，呈西北至东南的走向。建造大桥所使用的混凝土，可以建造好几个国家大剧院；使用的钢材，可以再造出几个"鸟巢"（国家体育场）。工程量浩大，建设成果显著。

为"金三角"经济中心镶上金边

杭州湾跨海大桥的建成,使上海、杭州、宁波这三个长江三角洲的经济发展中心城市连为一体。大桥就像为这"金三角"镶上的一道金边,形成了具有当地特色的"金三角"文化区域。大桥的通航孔桥便很好地遵循了"金三角"这个设计主题。北通航孔桥采用了钻石型双塔的组合方式。南通航孔桥采用了"A"字形单塔的组合方式。整座大桥采用了智能的单灯照明控制系统,在满足照明需求的同时,达到了节能环保的目的。

"大鹏擎珠"式的"海天一洲"

在杭州湾跨海大桥的中部,南航道以南约1.7千米处,有一个海上平台——"海天一洲"。它被设计为"大鹏擎珠"的独特造型,就像一只展翅飞翔的大鹏衔着一颗珍珠。这一新颖的造型,寓意着杭州湾地区就像展翅高飞的大鹏那般大展宏图。"海天一洲"分为观光平台和观光塔。观光平台能提供餐饮、住宿、休闲等服务。观光塔则为旅客提供了能观赏到气势恢宏、波澜壮阔的杭州湾海景的绝佳观景点。

创新技术的孕育

杭州湾跨海大桥整体的设计,立足于"工厂化、大型化、机械化"的设计理念和"施工方案决定设计方案"的原则,尽可能地减少海上作业、海上污染;在做到环保的同时,灵活推动高标准工程的进展,开创了跨海大桥建设的新模式。

杭州湾跨海大桥,推进了我国跨海桥梁建设事业的新材料、新工艺、新设备的研发。大桥建设过程中出现了很多技术创新,例如,创建了连续运行的GPS工程参考站系

统，建立了适应海域长距离、大范围的独立工程坐标系，使海上导航准确高效，提高了施工放样精度。

在杭州湾跨海大桥的建造过程中，科研工作者们还特意研制了吊重为2500吨和3000吨的两条中心起吊运架一体吊船，解决了运输、架设强潮海域箱梁的问题。这两条船就像巨人强有力的手，将预先制造好的沉重的大型"积木"的桥体，轻松而精准地在海上运输、搭建起来。

丰硕的荣誉成果

杭州湾跨海大桥的建设，多次获得中国科技领域的大奖，还荣获2010—2011年度中国建设工程鲁班奖（国家优质工程）、2011年第十届中国土木工程詹天佑奖，载入《中华人民共和国大事记》，成为1949—2009年中国60大地标之一。

建造杭州湾跨海大桥的意义是什么？

杭州湾跨海大桥的建造，拉近了宁波、舟山与杭州湾北岸城市之间的距离，节约了它们之间的交通时间，降低了运输成本，实现了通道效益，使区域交通呈现运输一体化的态势，完善了周围区域的物流网络，推进了上海、杭州、宁波形成的"金三角"经济发展中心的跨步式大发展。

南京大胜关长江大桥

在南京市境内的长江流域上，有一座被誉为世界铁路桥之最的大桥，它是世界上跨度及设计荷载最大的高速铁路桥梁，是世界上首座可以同时通过六辆火车的大桥。它有着双跨连拱、M形的钢架造型，像一只展翅飞翔的大鹏鸟，横跨在长江之上，桥上的火车高唱着中国速度的歌曲。它就是南京大胜关长江大桥。

铁路桥梁建设行业中的大手笔

南京大胜关长江大桥，于2006年正式开工建设，于2011年正式投入使用。2017年，大桥两侧的南京地铁S3号线的正式运营，标志着南京大胜关长江大桥六线全部投入使用。

该大桥起于南京市雨花台区，通向南京市的浦口区，全长9000多米，桥面有六条并排着的铁路轨道，设计火车最高行驶速度为300千米每小时。途经南京大胜关长江大桥的6条线路分别为京沪高速铁路双线、沪汉蓉铁路双线和南京地铁双线。

世界罕见的桥梁结构

南京大胜关长江大桥的结构为六跨连续钢桁梁拱桥。大桥由北岸引桥、北岸合建区段引桥、水域合建区段主桥、南岸合建区段引桥、南岸引桥共同构建而成。

在大桥之下，可以通航高达30多米、万吨级别的船舶。大桥支座的最大承重量约为18000吨，是目前世界上设计核载最大的高速铁路大桥。大桥创造性地采用八边形截面箱形吊杆，提高了抗风减振性能，保障了水路与铁路交通的顺畅运行。

体量大、跨度大、荷载大、速度高，便是南京大胜关长江大桥所具有的"三大一高"的特点。高速铁路桥面过、

万吨船舶桥下航,使得南京大胜关长江大桥在交通工具快速发展的当今社会,发挥着巨大的作用,变得魅力无限。

创新精神的结晶

南京大胜关长江大桥在建设的过程中,历经了诸多难题的考验。例如,钢围堰在水深急流、潮涨潮落中如何精准定位,如何高精度拼装钢梁拱架。大桥的建设者们根据实际情况的需要,创新采用了Q420级高强度、高韧性和良好焊接性能的新型钢材。主桥的钢梁,首次采用了三片主桁承重结构、正交异性钢桥面板。同时,研制出了400吨重的全回转浮吊,70吨变坡爬行架梁吊机,70多米高、2000多吨重的三层吊索塔架,大扭矩钻机等,各种实用的新材料、新设备、新工艺,巧妙解决了在建设中所遇见的各种难题,攻克难关。

丰硕的荣誉成果

作为京沪高速铁路控制性工程之一的南京大胜关长江大桥,是京沪高速铁路工程的重要组成部分。它以非凡的实力,获得了许多荣誉。2012年,南京大胜关长江大桥在第二十九届国际桥梁大会上,被授予了乔治·理查德森大奖;2013年,荣获了2012—2013年度中国建设工程鲁班奖（国家优质工程）；2015年，高沪高速铁路工程获得了国家科学技术进步奖特等奖，南京大胜关长江大桥荣获了2015年度国际桥协杰出结构工程奖。

精致的文化纪念币

2018年9月3日，中国高铁普通纪念币正式发行。纪念币的正面为国徽的图案。纪念币背面的右上方就有南京大胜关长江大桥雄伟壮丽的景观，用于纪念这座铁路桥梁史上的丰碑。

南京大胜关长江大桥的建成有何意义？

南京大胜关长江大桥的建成，标志着中国桥梁建造技术已经跻身世界领先行列。它代表着中国铁路桥梁建造的最高水准，同时被誉为"世界铁路桥之最"，是世界首座六线铁路大桥，也是设计荷载最大的高速铁路大桥。它的双跨连拱结构，是世界同类级别高速铁路桥梁中跨度之最。

云天渡

在风景优美的张家界大峡谷风景区，有一座世界最长的玻璃桥——云天渡。它像仙女在大峡谷之间优雅甩出的一条洁白的长水袖，在云雾中若隐若现。把世界最长的玻璃桥，建在山水秀美的张家界，是绝美的组合。

凝聚着中华文化的佳作

云天渡，原名为张家界大峡谷玻璃桥，位于中国湖南省张家界市慈利县三官寺土家族乡境内，是张家界大峡谷风景区里的著名景点。云天渡在2014年动工建设，2015年12月合龙，2016年8月竣工并正式运营。云天渡全长500多米，宽6米，是一座大型山谷悬索桥梁。主桥横跨张家界大峡谷西南和东北两端，分别连接着栗树垭与吴王坡之间的山顶崖壁。

"云天渡"一名，寓意为天桥合一，以渡天下之人。这里的"渡"，是将游客渡过大峡谷之意，引申为将同行之人的心"渡"得更加紧密。整个桥面采用了透明的玻璃

了不起的中国

材料，与周边优美的山水风景融为一体。它总能给桥上之人带来身在山水之中、却能超脱于山水之外的奇妙体验。

独特新颖的建筑构造

云天渡所处之地属于喀斯特地貌，悬崖、沟谷遍布，山峦起伏，地质条件相当复杂。为了增强玻璃桥的安全性能，建造云天渡时，需要克服抗风防滑、抗震减振、抗压抗冻等诸多技术难题，中国的工程师们不惧艰难，大胆地采用了独特的建筑构造及新型的建筑材料。

◎ 与景互融的外观

云天渡的桥面采用了高强度的航天复合玻璃材料，这种玻璃具有大尺寸、高硬度、防冻、防爆等优良性能。整座玻璃桥，集人行道、游览、蹦极、溜索及舞台等功能为

一体，具有跨度大、桥面窄、重量轻等特点，成了全球首座空间索面大张开量悬索桥。

◎ 结实的桥梁基础

针对喀斯特地貌区域的特殊地质条件，云天渡两端的桥塔，均为圆环形钢筋混凝土独柱结构，每根塔柱、墩柱均为挖孔灌注桩。桥墩采用了柱式带盖梁框架墩结构。

◎ 牢固的缆索与加劲梁

云天渡由多根索股承重，每根索股又由多条镀锌高强钢丝组成。玻璃桥的加劲梁，采用了倒梯形截面钢箱梁和纵、横结构，为单跨悬吊简支体系。加劲梁的两端，设有侧向抗风支座、上下游纵向阻尼器，可以分担部分纵向地震惯性力，约束加劲梁在快速位移下的纵向位移。

◎ 创新的玻璃板

云天渡的桥面，采用了99块高强度的航天复合玻璃。每块玻璃长4米多，宽约3米，厚约5厘米，重约1.5吨，设计荷载为800人。在加劲梁的纵梁与横梁所围住的露空区域，设置了三层钢化玻璃；在纵梁和横梁上方，设置了两层钢化防滑玻璃。这些玻璃层间，都放置了胶片。为了保

了不起的中国

证玻璃结构有足够的间隙与变形协调能力,只承受局部荷载,不承担全桥的整体受力,工程师们还在玻璃结构下方及侧面设置了优化的弹性橡胶垫片。

◎ 高效的防振能力

云天渡采用了不同形式的TMD、TLD遏制横竖向的振动,利用电涡流阻尼器遏制纵向振动,有效避免因共振带来的安全隐患。

辉煌的科研成果

2016年,云天渡获得中国国家7项专利、3项工法;2017年,云天渡获得2016—2017年度中国国家优质工程奖；2018年，在第三十五届国际桥梁大会上，云天渡获得阿瑟·海登奖；美国有线电视新闻网将云天渡列入了世界上十一座最壮观的桥梁之一；2018年10月，云天渡作为世界最高人行桥，入选了世界吉尼斯纪录。

云天渡的建造有何价值？

云天渡是张家界旅游景区的新地标建筑，是张家界旅游产业的经济支柱之一。它带动了中国国内玻璃旅游项目的快速发展。云天渡，是璀璨的中华文化与现代创新科技的完美结合，带来了显著的社会经济效益。

中国高铁

在广袤的国土上,遍布着高速铁路。它们是中国高速铁路工作者们用辛勤汗水凝结而成的显著成果。它就像一张巨型的大网,将广阔的国土串联了起来。它的高效运输,不仅缩短了国人之间的距离,还凝聚着亿万中华儿女的爱国心!

强大的中国高铁网络

中国高速铁路工程，简称中国高铁，指我国境内建成并使用的高速铁路，是我国当代重要的一类交通基础设施。它在中国的广阔大地上南北互通、东西相连，形成了一张巨型的高铁网络。为了编织这张宏伟、神速的网络，中国铁路工作者们付出了艰辛努力，在岁月的长河中砥砺前行，最终在祖国的各地奏响了"中国速度"的高铁进行曲。

根据我国不同的地理环境，中国高铁所呈现出来的形式丰富多样。根据性质的不同，中国高铁被分为技术型高速铁路和路网型高速铁路，前者是设计速度为250千

米每小时以上的客运列车专线,后者是设计速度为200千米每小时以上的主通道、城际铁路以及区域连线。根据行驶的速度指标,它可以分为时速250千米、300千米、350千米三种级别。根据位置和服务范围,它又可以分为主次干线(指八纵八横主通道、区域连接线)、支线(城际线、联络线、延长线等)。根据其显著特征,它还可以分为城际高铁、山区高铁、跨国高铁等。

世界先进水平的高铁智能系统

2019年,中国高铁营业总里程突破3.5万千米,位居世界第一,占世界高铁运营里程的60%以上。中国高铁拥有一套完善而先进的智能系统,采用的是封闭电气化铁路,轨道通常是无砟轨道和无缝钢轨,也有少数有砟轨道。高铁的线路,都实现了GSM-R网络的覆盖,并且建立了覆盖全路的数字移动通信系统,满足了乘客的上网需求。高铁列车的用电则是通过架设空中接触网来实现的。此外,高铁上设有综合视频监控、应急通信、调度通信等多种系统。铁路区间还设置了自动闭塞或移动闭塞的系统。

中国高铁的核心技术

中国高铁拥有大量核心技术，如无缝钢轨、高铁耐低温能力、高铁调度技术等。

无缝钢轨，即高铁轨道没有缝隙。中国高铁的高时速，与无缝钢轨的功劳是分不开的。无缝钢轨能为列车提供一个稳定的行驶环境，并能有效减少振动，降低运行过程中的噪声。无缝钢轨的铺设难度很大，我国能成功掌握这项技术实属不易，它使得中国高铁达到了世界领先水准。

中国高铁向北修建到了我国的东北地区，那里的气温会降至零下40摄氏度。我国高铁的耐低温性能，已经通过了当地恶劣气温条件的考验，达到了世界领先水平。

中国高铁的网络非常庞大，是世界上最为复杂的高铁网络，这为高铁的调度带来了严峻的考验。通常，在同一线路中，两列高铁之间必须保持十分钟以上的行驶间距，否则可能会出现追尾的情况。然而，我国高铁在如此庞大的基数上，能长期保持有条不紊的高速运行，足以证明我国强大的高铁调度技术与实力。

中国高铁技术的不断升级

我国高铁技术创造了令人瞩目的佳绩。第一,我国成功研制出了时速为350千米的高速货运动车组,即货运高铁,成为全球最快的货运高铁,这对我国快捷货物运输业的发展有着重大意义。第二,我国成功研制出了时速为400千米、可变轨的高速动车组,这种高铁能够在不同气候条件、不同轨距、不同供电制式标准的国际铁路间运行,加快中国与世界的互通往来。

中国高铁的建设有何意义?

中国高铁,是中国一张亮眼的新名片。它的建设,推进了区域协调发展,提升了城市圈的竞争力,创造出了生活的新模式,加快了我国制造业的升级转型。目前,我国高铁营业里程已超过世界其他国家高铁营业里程的总和,而且票价最低,建设成本仅为他国建造成本的三分之二。中国高铁跑出了全新的中国速度,创造了世界奇迹!

中国地铁

正如在中国广袤的国土上分布的高速铁路工程那样,在中国众多城市的地表之下,也建有重要的城市轨道交通工程,即我们常说的地铁工程。它就像人体中输送血液的血管,为中国的各个城市,不断注入社会的活力与生活的激情。中国地铁为中国城市的繁荣、社会经济的发展,做出了巨大的贡献。

中国地铁工程的伟大历史时刻

1969年10月1日，中国第一条地铁——北京地铁1号线，开始试运营。

2010年11月3日，中国第一条实现全线Wi-Fi覆盖的城际地铁——广佛地铁1号线开通。

2014年7月1日，中国挖掘距离最长、最深、水压最高、直径最大的地铁——南京地铁10号线，正式运营。

2016年10月28日，中国第一条生态地铁——深圳地铁9号线开通。

2016年12月31日，中国第一条5G信号全覆盖的地铁——北

京地铁16号线开通。

2017年12月28日，中国第一条建在岩溶区的地铁——广州地铁9号线开通。

2017年12月28日，世界第一条互联互通地铁——重庆轨道交通5号线开通。

2017年12月30日，中国第一条具有完全自主知识产权的轨道交通全自动运行地铁——北京地铁燕房线开通。

2019年6月23日，中国第一条下穿黄河的地铁——兰州轨道交通1号线，正式通车。

2019年12月25日，中国第一条穿海地铁——厦门地铁2号线，正式运营。

2021年9月28日，中国第一条时速160千米的全地下市域快线——广州地铁18号线，正式通车运营。

2022年8月6日，中国第一条双流制式轨道交通——重庆市郊铁路江跳线正式通车。

标准且智能化的中国地铁

中国地铁凭借着先进的技术，加速驶入中国标准且智能化的新时代。智能、舒适、安全，是众多乘客对中国地铁的体验感受。在这些赞誉声的背后，是众多地铁工作者用艰辛的劳动，换来的中国地铁完全自主的知识产权的成果呈现。中国地铁的核心技术、关键部件，均是我国自主研发制造的，"中国标准"的覆盖率达到了85%，实现了中国地铁从零件、部件到整车的标准化生产。这大幅度减少了备品备件的数量，降低了地铁的检修维护费用，利于形成地铁完善的技术与管理标准体系。此外，中国地铁的碰撞安全性能显著高于国际标准。中国地铁采用行业最为严苛的加载方式与评估方法进行车体疲劳性能的评估，疲劳性能远超国际行业同类型的产品，安全性能很高。

高效节能的好手

标准时速为120千米的中国地铁平台列车，采用的是流线型样式，使用了车顶导流罩、贯通道外形优化等技术，使得列车在运行过程中所受到的气动阻力减小了大约7%，运行的能耗也更低。在列车使用环境方面，中国地铁配备的是全变频热泵空调系统，这种空调系统全年可以节省的能耗在15%以上。另外，中国地铁整体是轻量化设计，即重量轻而灵活，同时采用了更为合理的控制方案，这也能将运营能耗减少约10%。因此，中国地铁在智能化配置的基础上，不仅高效，而且节能。

中国地铁交通有哪些优势？

中国地铁交通，是我国绿色出行的重要方式，它有许多优势：节省土地资源；缓解地面交通通道的压力；避免了地面交通的干扰；减少交通噪声；节约能源；减少环境污染；准时；效率高；运输量大；等等。

青藏铁路

在世界屋脊——青藏高原地区，一条宛如游龙的高原铁路，开启了高路入云端的天路之行，它是世界上海拔最高、线路里程最长的高原铁路；它让青藏雪域高原的天堑变成了便利的通途，让这个世界屋脊变得不再高不可攀；它打破了"有昆仑山在，铁路永远到不了拉萨"的断言。它就是青藏铁路！

人类无畏险境的杰作

青藏铁路,简称青藏线,是中国新世纪四大工程之一。从青海省省会西宁到西藏自治区首府拉萨,青藏铁路全长1900多千米。其中,海拔在4000米以上的路段就有960多千米,最高点是海拔5072米的唐古拉山口。

青藏铁路的沿线既有着壮美的风景,也有着恶劣的气候。人们的天路之行,需要穿过荒漠戈壁、雪山草原、沼泽湿地,还有连续多年的寒冷气候所形成的冻土地带。冻土地带长约550千米,昼夜温差非常大。这里常常出现风沙雨雪等恶劣天气,空气稀薄,气压很低,空气中的含氧量仅为平原地区的一半,会使人呼吸不畅。

青藏铁路工程分为两期建设工程：第一期工程，东起青海省西宁市，西至青海省的格尔木市，于1958年正式开工建设，于1984年5月建成通车；第二期工程，东起青海省的格尔木市，西至西藏自治区的拉萨市，于2001年6月29日正式开工，于2006年7月1日建成，并全线通车。由于施工环境恶劣，青藏铁路的全线通车用了接近50年的时间。在人类生存极限的"禁区"里，如此大规模地建造铁路工程，本就极其艰难，还创造了建设工作者们高原疾病"零死亡"的奇迹。

多项世界纪录的创造者

青藏铁路，是世界上海拔最高、高原线路里程最长、穿越冻土里程最长的高原铁路。

位于海拔5068米的唐古拉山车站，是世界上海拔最高的铁路车站。

冻土地段的车速，时速可以达到100千米，是世界上高原冻土铁路的最高时速。

海拔4704米的安多铺架基地，是世界上海拔最高的铺架基地。

海拔4905米的风火山隧道，是世界上海拔最高的冻土隧道。

全长11.7千米的清水河特大桥,是世界上最长的高原冻土铁路桥。

全长1686米的昆仑山隧道,是世界上最长的高原冻土隧道。

攻克千里冻土难题

青藏铁路穿越多年冻土区域的里程,长达550千米,穿越不连续多年冻土区的里程约为82千米。冻土,是土体温度低于0摄氏度,并且含有冰的特殊岩土体。当冻土冻结后,体积就会膨胀;到了夏季,它又会融化、体积缩小。膨胀、缩小,两种现象的反复作用,就会使建在冻土上的建筑出现破裂、塌陷的情况。这就给铁路的建设带来了巨大的风险。青藏铁路工程师们提出"主动冷却路基"

的理论，不惧险境，历经万难，最终攻克这道世界难题，创造了多项世界纪录。

青藏铁路破解冻土难题的四大方式：

1. 设置片石通风路基、通风管道，架空冻土路基，利用冷风来降低冻土的温度；

2. 利用铁管装入液氮，其中的液氮由液态转为汽态，释放出大量的热量；

3. 架设路桥，深入冻土，保持线路的稳定性；

4. 建设大型路堤，隔热冻土。

高效智能的运行系统

为了保障青藏铁路的安全运行，针对青藏铁路高海拔的养护特点，青藏铁路公司在冻土区域上建立了长期的监测系统，设置了3个自动气象站、78个地温观测断面，采用了红外线监控系统。其中，在格拉段的45个车站中，有38个实现了无人值守，最大限度地减少了作业人员，在高

原无人值守的地段，青藏铁路依旧可以保持全天候通车。青藏铁路还启动了垃圾集纳系统、垃圾收集专列。全线使用了分散自律式CTC调度集中系统，支线采用TDCS列车调度指挥系统，实现了调度与管理的远程化、信息化与智能化。

青藏铁路的建成有何意义？

　　修路，历来是致富的必要条件。青藏铁路，不仅完善了我国铁路网的布局，还促进了青藏区域的经济大发展。它有利于西藏的对外开放，使每年来青海、西藏的旅游者数量大幅提高，推动了两地旅游事业的飞速发展，优化了西藏的产业结构，从而使当地群众的生活水平得以提高，实现共同富裕。

大兴国际机场

2019年9月25日，我国首都北京的第二座大型国际机场——大兴国际机场，正式通航。它是世界上最大的单体航站楼及空港项目，是世界首个实现高铁下穿的国际机场，是京津冀地区一体化中最重要的交通枢纽之一。它的外观，呈现出花瓣式的放射状，像一朵绽放在北京的美丽的盛大花朵，更像一只展翅高飞的火红凤凰。

雄伟大气的航空枢纽杰作

大兴国际机场，位于北京市大兴区，距离天安门约46千米，距离北京首都国际机场约67千米。它的总投资约为800亿元人民币，耗时约5年建成。它拥有3条4F级跑道，1条4E级跑道。它的航站楼、配套服务楼、停车楼的总建筑规模约为140万平方米，其中，雄伟美丽的航站楼，面积约为78万平方米。航站楼的设计高度约为50米，拥有100多座登机廊桥、3个国际货站、3个国内货站。它是大型的国际航空枢纽，与北京第一座国际机场——北京首都国际机场，形成了"双枢纽"的大格局。

外观独特的航站楼

大兴国际机场的航站楼,无论是它的建筑设计,还是它的区域功能规划,都是世界级的水准。那雄伟壮丽、如凤凰展翅的经典外观,更是被世人所赞誉,在中华的大地上创造出了航空枢纽工程史的新神话,成了我国新的标志性建筑。

大兴国际机场的航站楼一共有5层,轨道交通在航站楼的地下二层,地下一层是广场式的换乘中心,可以直接换乘高速铁路、地铁、城际铁路等,其中就包括了京雄城际铁路、廊涿城际铁路。地上一层为国际到达层,地上二层为国内到达层,地上三层为国内出发层,地上四层为国际出发层。

大兴国际机场航站楼"凤凰展翅"的外观，便是五指长廊的造型。整个航站楼有79个登机口，乘客从航站楼中心步行至每个登机口，时间都不会超过8分钟，非常人性化，且高效实用。航站楼运用了8根巨型的C形立柱，撑起了4万多吨重的屋顶，立柱之间相距约200米，使得使用面积最优、最大化。

　　大兴国际机场的航站楼，采取了屋顶自然采光、自然通风的设计，同时实现了照明、空调分时控制；又采用了地热能源、绿色建材等绿色节能技术与现代信息技术，保证旅客能有最舒适的出行体验。

庞大的航运网络

　　北京大兴国际机场，是中国南方航空、中国联合航空、河北航空和北京航空（中国国际航空分公司）的主运营枢纽机场，也是中国东方航空和厦门航空的基地机场。

了不起的中国

此外，北京大兴国际机场还有上海航空、吉祥航空、成都航空等多家境内航空公司，马来西亚航空、英国航空、瑞士国际航空等境外航空公司，顺丰航空、中国邮政航空、中国南方航空货运等货运公司的服务航线，在全球形成了庞大、快捷的航运网络。

大兴国际机场有哪些文化特色？

拥有东方特色——"凤凰展翅"外观的大兴国际机场，创建了一些具有中华文化特色的景观。它那5个指廊的尽头，分别设有5个具有中华文化特色的主题园林：中国园、瓷园、茶园、丝园、田园，与中国国家博物馆共同打造了"文化中国"的美妙长廊。它还与首都图书馆携手，共同建立了中国首个航站楼全要素图书馆大兴机场分馆。

上海洋山深水港

位于中国浙江省舟山市嵊泗县境内的洋山深水港区,可供开发的深水岸线约有4900米,有着全球单体规模最大的全自动集装箱码头——上海洋山深水港。深水港区里的东海大桥,将上海与洋山深水港区贯通,改写了上海不"上海"的历史,使上海这个东方大港,由"江河时代"大步迈进了"海洋时代",谱写了世界海上航运的新篇章!

了不起的中国

宏伟壮观的洋山港区

洋山深水港区规划总面积超过了25平方千米，耗时3年建设，拥有7个大型深水泊位，是世界上最大的集装箱码头。洋山深水港区，分为东、西、南、北4个港区，在业务上属于上海港港区，行政区域划分上属于浙江省舟山市的嵊泗县。

◎ 东港区

东港区为能源作业港区，那里设置了LNG（液化天然气）的接收站、海底输气干线，建设规模为每年进口约300万吨的液化天然气，每年可向上海市区供应约40亿立方米的液化天然气，与西气东输、东海天然气形成了多气源供应的局面，更加有力地保障了上海市区的能源安全。

东港区还是东亚最大的成品油中转基地，规划建设1900米长的油品码头作业区，这是一座国家战略储备油库。

◎ 南港区

南港区以大洋山本岛为中心点，西至双连山、大山塘一带，东至马鞍山。

◎ 西港区、北港区

西港区、北港区为集装箱装卸区，是洋山港的核心区域所在。规划使用的深水岸线有10千米左右，大小泊位有30多个，可装卸目前全球最大的超巴拿马型集装箱货轮以及巨型油轮。

北港区以小洋山本岛为中心，西至小乌龟岛，东至沈家湾岛。其中的东海大桥于2005年建成，全长30多千米，桥宽30多米，以双向六车道的高速公路设计标准建造，它是中国第一座外海跨海大桥，实现了上海市与洋山港区的贯通。北港区分三期工程建设，有16个深水集装箱泊位，年吞吐量约为930万标准箱。

西港区平均水深约12米，码头岸线总长约为4千米，是一个江海联运的集散中心，南京、武汉等长江沿线的内陆港口的中小型船舶，将会由此处集散，再通过北港区转运至世界各国，使洋山港的水水中转能力大大提高。

三大优势助力洋山港发展

第一大优势：洋山深水港港区自然水深达到15米，十分利于大型船只通行。这里的海域泥沙不易淤堵、潮流较为强劲，海床多年来都比较稳定。

第二大优势：受自然条件的影响小，工程能维持原有的水深，泊稳条件良好，还有大洋山岛与小洋山岛形成的天然屏障。

第三大优势：这里的工程水域地质条件优良，利于建设国际航运码头和长距离的跨海大桥。

智能高效的上海洋山深水港

上海洋山深水港，这个全球单体最大的智能码头，是一座高科技新型码头。码头中，来自世界各地的集装箱装卸运转的过程都是由码头上的智能设备来完成的。在偌大的码头上，看不见一个工人。替代工人的，是一些新型的智能机器人。它们可以全天二十四小时不间断地精准操作,准时完成工作。这里约有60台70米高的集装箱桥吊,每天可装卸大约3万只集装箱。

洋山保税港区

洋山保税港区与洋山深水港,二者相辅相成。它极大地提升了航运基础设施的能级,扭转了我国与周边国家港口竞争的劣势,对增强上海国际航运中心的集聚辐射和国

际中转功能具有重大的促进作用。洋山保税港区，包含国内保税区、出口加工区、保税物流园区。

洋山保税港区的主要税收政策有：

1.国外货物入港区保税；

2.货物驶出港区，进入国内销售，需要按照货物进口的有关规定办理报关手续，并按照货物实际的状态征收税费；

3.国内的货物进入港区，视同出口，实行退税；

4.港区内企业之间的货物交易，不征收增值税与消费税等。

上海洋山深水港的建设有何重要意义？

上海洋山深水港虽在浙江省的行政区域内，但它的使用权却属于上海。这就好比浙江是它的户主，将它的使用权租借给了上海。上海虽有多个港口，却缺乏深水港口，满足不了自身经济发展的要求。洋山港距离上海比较近，加上天然优良的港口优势，成为上海重金投资开发的对象。洋山深水港的建成，推动我国由航运大国迈向航运强国。

上海中心大厦

在中国上海市浦东陆家嘴金融贸易区，有一座巨型的摩天大楼——上海中心大厦。它是目前中国第一、世界第二的高楼，它就像上海市的一根定海神针，直插云霄，成为上海新十大地标建筑之一。它整体呈螺旋上升的形态，与周边的裙楼完美结合，势如一条盘旋上升的东方巨龙，飞入云端，象征着上海乃至整个中国的腾飞发展。

雄伟壮观的建筑杰作

上海中心大厦，于2008年11月29日正式开工，2014年年底土建工程竣工，2017年1月投入试运营。它的建筑高度为632米，主楼的地上有127层楼，地下还有5层；周边的裙楼，一共有7层，其中地上5层，地下2层，建筑高度为30多米。上海中心大厦的总建筑面积，约为57.8万平方米，是一座多功能的摩天大楼，主要有办公、酒店、商业、观光等用途。在寸土寸金的上海，位于浦东新区繁华地带的中心大厦，绿化率竟然高达33%。

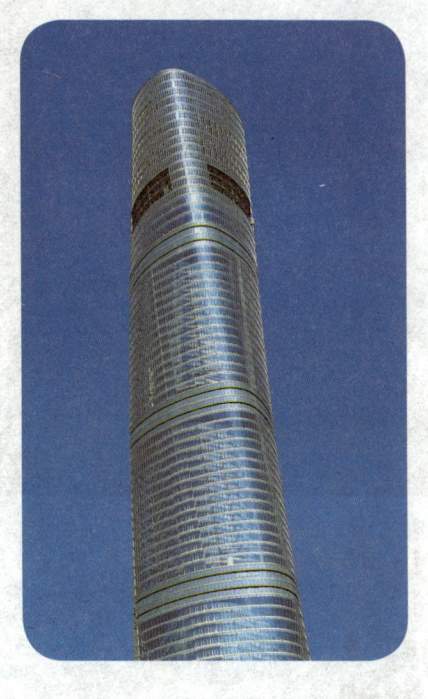

高端大气的建筑布局

上海中心大厦的主楼，竖向一共分为8个区段、1个观光层。在每个区段的顶部，都设置了设备层和避难层。其中，用于商业及会议的是1区，办公的区域是2区至6区，7区和8区是酒店，9区则用于观光。观光层以上便是设备层。地下的5层，用于商业及停车。

在大厦的2区至6区的电梯转换楼层，分别设置了通透高阔的空中大堂，每个空中大堂还设置了3个空中花园。在地上37层的空中大堂设置了上海观复博物馆、世界最高的室内中式园林——半亩园。在地上52层与68层的空中大堂还引进了清雅的朵云书院及米其林高端餐饮。浓厚的文化艺术气息在其中流动，给人们带来了愉悦的精神享受。

大厦主楼的118层，坐落着"上海之巅观光厅"，它呈三角环形布局，周围全是落地的超大透明玻璃幕墙，其中又设置了500多米的高观景台，可以全视角俯瞰上海市貌。

在上海中心大厦主楼的地上125层至126层，还有世界最高的人文艺术空间——天时632艺术空间。在那里，人们可以聆听世界级大师的四维音乐佳作，感受多媒体声光带来的美妙体验。在艺术空间的正中央，摆放着艺术雕塑"上海慧眼"，它的设计灵感来源于《山海经》中的"烛龙之眼",在给人们带来厚重感的同时,还洋溢着艺术佳品的灵气。

科技"智"造的结晶

上海中心大厦,是中国首座高度超过600米的高楼建筑。工程施工难度巨大,工程项目组的工作团队无畏艰难,进行了系统的科研攻关,创造出了许多世界之最,打破了多项世界纪录。它是世界上第一次在软土地基上建造的重量约为85万吨的单体建筑;是世界上民用建筑一次性混凝土连续浇筑方量最大、高达6万立方米的基础底板工程;是世界上第一次在超高层建造14万平方米的柔性幕墙的建筑;等等。

◎ **幕墙立面**

中心大厦的建筑幕墙,外立面由大量玻璃幕墙单元组成,玻璃面板规格多样化。当遇大风、地震等自然灾害时,它可以根据特殊情况变形,形成约25厘米的相对活动区域。

◎ 涡轮式风力发电技术

中心大厦的设备区，采用了涡轮式风力发电机，聚风效果良好，还没有回转力，能利用大量的风能。在这座高入云端的大厦中，风能的利用率随着技术的创新而得到有效提高。

◎ 雨水再利用技术

中心大厦的设备区，采用了先进的雨水收集利用的技术措施，包括雨水的收集、储存、净化、利用四个环节，确保雨水能按照清洁的程度，分层次地用于大厦的不同地方，提高了雨水的利用效率。

上海中心大厦主要获得了哪些奖项？

上海中心大厦，获得绿色建筑LEED-CS白金级认证，获得第十五届中国土木工程詹天佑奖、2018—2019年度国家优质工程金奖、2019年BOMA全球创新大奖、2019年上海市科技进步特等奖，获得CTBUH评选出的过去50年最具影响力的50座高层建筑的荣誉。

海上风电项目

在中国广阔的海域上,矗立着无数巨型的白色风车,将海上无限的风能转化成与人类生活息息相关的电能。它们就是我国的海上风电项目。那些聚集海上风能的风电发电机,为我国挑起了发电的重担,成功荣创了世界发电之最,为我国节约了大量的煤炭资源,减少了煤炭燃烧产生的巨量二氧化碳的排放。

发展势头强劲的海上风电项目

海上风电是海洋新能源发展的标志和重点领域。目前，我国海上风电装机规模已经跃居世界第一，"与海争风"正成为我国东部沿海地区绿色低碳发展的"蓝色动力"。我国海洋清洁能源开发的势头非常强劲。

绿色发电的海上风电场

海上风电场，是指水深在10米左右的近海风电场。它是利用海上风力资源发电的新型发电厂。在石油资源形势日益严峻的情况下，风力资源丰富的海域便成为热门的新型能源发电基地。与陆上风电场相比，它不需要占据有限的土地资源，不受地形和地貌的影响，适合大规模开发。海上风电场的风速更快、风电机组的单机容量更大、年利用的小时数更多、转化的风能资源更为丰富。然而，海上风电场的开发技术难度很大，建造的成本比陆上风电场高。这些不利因素给海上风电项目的工作者们带来了严峻的技术考验。

上海市东海大桥海上风电场

我国首个海上风电项目——上海市东海大桥10万千瓦风电场，它所发的电能通过海底电缆输送回陆地，为千家万户提供生活用电。

三峡阳江沙扒海上风电场

三峡阳江沙扒海上风电场，是三峡集团在广东的首个海上风电项目。它是我国首个百万千瓦级的海上风电场。该项目位于广东省阳江市沙扒镇的南面海域，布置了300多台海上风电机组、4座海上升压站、近1000千米的海底电缆。总装机容量约为200万千瓦。它每年可为粤港澳大湾区提供约56亿千瓦时的电能，解决约240万户家庭的年用电量问题，减少约为480万吨污染环境的二氧化碳排放量。

先进的海上风机支撑技术

风力发电是世界上发展势头最猛的绿色能源技术。我国海上丰富的风能资源，加上当今我国科学技术的快速发展，使得海上风电项目在我国迅速发展。其中，海上风机的支撑技术显得尤为重要。海上风机的支撑技术主要分为底部固定式支撑、悬浮式支撑的两种类型。

◎ 底部固定式支撑

底部固定式支撑又分为重力沉箱基础、单桩基础、三脚架基础三种方式。

1.重力沉箱基础：主要是依靠沉箱自身重量，促使风机矗立于海面之上。海面上的基础，呈圆锥形，可以起到减少海上浮冰碰撞的作用。

2.单桩基础：由一个钢桩构成。钢桩安装在海床之下，具体深度由海床的类型来决定，可以有力地将风塔伸到水下及海床内。

3.三脚架基础：吸收了海上油气工业中的部分经验，采用了质量轻、价格低的三脚钢套管。在风塔下面的钢桩，分布着一些承担和传递来自塔身的载荷的钢架。

◎ 悬浮式支撑

悬浮式支撑分为浮筒式、半浸入式两种方式。

1.浮筒式支撑：浮筒式的基础由8根与海床系留锚相连的缆索固定在海面上，风机塔杆通过螺栓与浮筒相连。

2.半浸入式支撑：主体支撑结构浸于水中，通过缆索与海底的锚锭连接，这种支撑方式受波浪的干扰小。

海上风电场的全生命周期是多少？

海上风电场的全生命周期，是指利用生物寿命周期的思想，将海上风电场从构思建造，到最后退役废弃，作为一个完整的生命过程来看待。它可以分为开发规划期、工程设计期、建设施工期、运行维护期、退役弃置期，一共5个阶段。一般海上风电场的全寿命周期为25年。

南极科考项目

南极是地球迄今为止唯一一块未被人类开发的大陆。那里没有常住居民，是未被工业污染的洁净之地，同时是一个理想的、天然的、巨大的科学"实验室"。在那块白雪皑皑、企鹅成群的南极洲大陆上，建立了多国南极科考站，进行多项学科考察研究。我国更是在那里开启了南极科考站的从无到有、从有到强的峥嵘历程！

中国的南极科考站

　　中国南极科考站，是为中国科研团体或组织提供的、对南极开展多项学科考察研究的科学实验基地。1985年，我国科考队的队员，仅用了几十天的时间，就创建了我国第一个南极科考站——长城站，震惊了世界。

　　之后，中国正式成为《南极条约》的协商国。作为联合国常任理事国，中国终于在讨论南极问题的国际会议上有了自己的发言权，占据着举足轻重的位置。多年以来，中国在南极建立了长城站、中山站、昆仑站、泰山站、罗斯海新站。

◎ 中国南极长城站

长城站所在的乔治王岛，是南极洲南设得兰群岛中最大的一个岛屿。长城站占地面积约为2.5平方千米，那里呈台阶形，西高东低，平均海拔高度约为10米。地表由卵砾石、砂石组成，地下1.2米以下便是永久冻土层。该站设置了众多大型永久性建筑，包括科研栋、生活栋、发电栋、文体栋、食品库、综合库等。冬季可供20人越冬考察，夏季可供60人科研考察。

◎ 中国南极中山站

中山站建立于1989年，是我国建立的第二个南极考察站，位于拉斯曼丘陵的维斯托登半岛上，该半岛地处南极圈之内，是进行南极海洋、南极大陆科学考察的理想区域。那里是典型的南极极地气候，年平均气温在零下10

摄氏度，还会出现极昼和极夜现象。该站建筑包括了办公栋、宿舍栋、科研栋、气象栋、发电栋、车库等。该站全年进行的常规观测项目有气象、电离层、高层大气物理、地磁、地震等。

◎ 中国南极昆仑站

2005年1月18日，中国南极考察队实现了人类首次登顶冰穹A，之后经过不懈的努力，我国最终获得了在冰穹A建立考察站的资格，于是有了我国第三个南极考察站——昆仑站。它于2009年建成，位于南极内陆冰盖最高点的冰穹A西南方向约7.3千米之处，是南极内陆冰盖最高点上的科学考察站。昆仑站为夏季科学考察站，主要进行天文学、地质学、大气科学、冰川学等方面的研究。

◎ 中国南极泰山站

我国第四个南极考察站——泰山站，于2014年正式建成。它位于中山站与昆仑站之间的伊丽莎白公主地，科考范围覆盖了格罗夫山等南极关键的科考区域。泰山站不仅是昆仑站科学考察的前沿支撑，还是南极格罗夫山考察的重要支撑平台，极大地拓展了中国南极考察的领域。泰山站总建筑面积约为1000平方米，使用寿命为15年，配有固定翼飞机冰雪跑道。在年平均温度为零下36.6摄氏度的情况下，泰山站可满足20人度夏考察生活。

◎ 中国南极罗斯海新站

中国第五个南极科考站——罗斯海新站，于2018年在恩克斯堡岛正式选址奠基。建设该站是"雪龙探极"重大工程的重要任务之一。罗斯海区域是南极地区岩石圈、生物圈、大气圈、冰冻圈等集中相互作用的区域，具有重要的科研价值，是南极国际治理的热点区域。该站点将成为设备先进、低碳环保、安全可靠、国际领先的现代化南极考察站，是我国构建人类命运共同体的务实举措，开启了新时代南极工作的新征程。

建立中国南极昆仑站有何重要意义？

"昆仑"一名，象征着南极的制高点。昆仑站所在地是世界南极考察中的科研热点、战略要地。我国在那里开展了冰川学、天文学、大气学、地质学、地球物理学、空间物理学等众多领域的科学研究。它是我国为人类探索南极奥秘做出的重大贡献。

三峡工程

在中国湖北省长江流域上，有一个巨大的调水"阀门"，它将自古以来洪涝灾害不断的长江，调节成为一条"黄金水道"，造福于中华大地。它承担着治理、开发、保护长江的重任，具有防洪、发电、航运等巨大作用。它就是当今世界上综合规模最大的水利水电工程——三峡工程。

大器晚成

好事多磨，三峡工程于1994年开始正式动工，分三期施工，2009年三期工程实现全部机组发电和枢纽工程完建。2016年，升船机也开始试通航。历经多年的艰苦奋斗，中国工程师将三峡工程打造成总装机容量达2000多万千瓦的超级水利水电工程，排名世界第一。同时，它是世界上最大的清洁能源生产基地，还是"全国爱国主义教育示范基地"。

三峡工程一共分为三大工程：输变电工程、枢纽工程、移民工程。

1.三峡输变电工程，承担着三峡电站全部机组电力外送的任务，实现了三峡电力"送得出、落得下、用得上"的目标。

2.三峡枢纽工程，位于长江上游西陵峡中段的湖北省宜昌市三斗坪镇，由拦河大坝、坝后式水电站、地下电站、双线五级船闸、垂直升船机组成，是世界上规模最大的水电站。

3.三峡移民工程,是世界上难度最大的水利移民工程,最终移民超百万人,相当于欧洲一些国家的人口数量。

超强的防洪功能

三峡大坝,是世界上最大的混凝土重力坝,它像长江流域上一块挡水板,只是这块挡水板拥有着庞大的身躯和惊人的重量,是一个可以拦截猛兽般洪水的"大力士"。大坝的横切面就像个直角梯形。枢纽坝轴线总长2000多米,坝高180多米,正常蓄水位高程约175米,库容393亿立方米。大坝设有诸多孔洞。浩瀚的长江水,通过这些孔洞流至下游。这些孔洞有着不同的功能:有泄洪的孔洞、排漂孔、排沙孔、发电的孔洞。它们各司其职,将流经的江水管理到位。三峡大坝泄洪能力非常强,能自如应对诸多洪峰的严峻考验,极大程度地保护了长江流域居民们的生命及财产安全。

超强的发电实力

三峡电站,是世界上装机容量最大的水电站。它由长江左、右两岸的两座坝后式水电站、一座右岸地下电站和一座左岸电源电站组成,安装有32台单机容量70万千瓦的水轮发电机组,年平均发电量约880亿千瓦时。三峡电站自首批机组发电起至今,有效缓解了华东、华中、华南等地区电力使用的紧张局面,惠及了大半个中国。三峡工程是世界上最大的清洁能源生产基地,促进了我国"西电东送、南北互供""全国输电联网"等政策的落实,为满足我国的用电需求做出了巨大贡献。

安全高效的航运能力

三峡工程的建成,让"自古川江不夜航"的惯例,彻底告别了历史舞台。自通航以来,三峡枢纽的航运量不断

创下新高。当蓄水位达到175米的正常蓄水位时，三峡大坝上、下游的水位落差有100多米，约40层楼的高度。航行的船舶，需要通过双线五级连续梯级船闸或者垂直升船机，才能通过三峡大坝。也就是让船舶分成两队，通过步步升高的船闸，或者乘坐特制的垂直电梯，有序地通过三峡大坝。

三峡的双线五级连续梯级船闸，是世界上连续级数最多、总水头最高、规模最大的内河船闸，通航能力非同一般。三峡的升船机，是世界上规模最大、技术最复杂精细的垂直升船机，可以将船舶提升至约113米，能承载的重量约为15500吨，从而实现3000吨级的船舶快速过坝。三峡用自身的深水船道及其安全运送性能，迅速提升了长江流域的航运能力，在提高航运安全性能的同时，还大幅度降低了航运成本，促进了长江流域的贸易经济的发展。

三峡工程创造了哪些世界之最？

三峡工程作为当今世界最大的水利枢纽工程，是顽强的中国人创造的一个奇迹，在世界水利工程方面，它创造了多项记录。它是世界防洪效益最为显著的水利工程；是世界最大的电站；是世界建筑规模最大的水利工程；是世界施工难度最大的水利工程；有世界规模最大、难度最高的升船机；是世界水库移民最多、工作最为艰巨的移民建设工程；等等。

奥运工程

奥林匹克运动会，是国际奥林匹克委员会主办的、世界上规模最大的综合性运动会，每四年一届，是世界上影响力最大的体育盛会。2008年第二十九届奥运会，2022年第二十四届冬奥会、冬残奥会，在我国北京盛大圆满地举行了，使得北京成为双奥之城。其中，那些气势恢宏、先进智能、绿色环保、人文创新的奥运工程，给世界各国人民留下了深刻而美好的印象。

孕育生命的摇篮——"鸟巢"

鸟巢是我国的国家体育场,位于北京奥林匹克公园中心区的南部。它是2008年北京奥运会的主体育场,并在此举行了奥运会、冬奥会及冬残奥会的开幕式、闭幕式,以及田径比赛、足球比赛的决赛等。它的建筑面积超25万平方米,可容纳观众9万多人,是地标性的奥运工程项目之一,被誉为"第四代体育馆"的伟大建筑作品。

这个俗称"鸟巢"的体育场,顾名思义,它的外观如同一个孕育生命的巨大鸟巢。它的建筑结构直接暴露在外,其中还包含着一个土红色的碗状体育场看台,寄托着人类对未来的美好愿望。它是特级体育建筑,于2003年正式开工建设,于2008年建成。

它的外形结构，主要由巨大的门式钢架组成，共有20多根桁架柱。这种钢结构，采用的是我国具有知识产权的国产Q460的钢材。这种钢材的特点是低合金、高强度。此次所用的钢板，厚度达到了110毫米，是我国建筑史上绝无仅有的。良好的建材，才能造出高品质的建筑。鸟巢的主体结构设计使用年限达到了100年，耐火等级为1级、抗震设防烈度是8度，地下工程的防水等级为1级。

"天圆地方"理念催生的"水立方"

"水立方"又名"冰立方"，是我国的国家游泳中心，位于北京市朝阳区北京奥林匹克公园B区。它于2003年正式开工，于2008年1月竣工，它的外形就是一个巨大的冰晶状立方体，简洁大气，建筑面积达8万平方米。

2020年11月27日，冬奥会冰壶场馆的改造工程顺利完工，"水立方"摇身一变，成了"冰立方"。国家游泳中心是2008年北京奥运会的精品场馆，也是2022年北京冬奥会的经典改造场馆，是唯一一座由港澳台同胞、海

了不起的中国

外华侨华人捐资建设的奥运场馆。

国家游泳中心利用南广场地下空间，建设了2块冰面，一块为标准冰场，另一块为冰壶场地，成了奥利匹克中心区冰壶项目的体验基地，为大众提供了开放的平台，是奥运场馆可持续发展的典范。国家游泳中心是具有国际先进水平的场馆，集游泳、运动、健身、休闲为一体。其中的嬉水乐园，是中国最大、世界最先进的室内嬉水乐园之一。

为何说中国奥运工程是自主创新的杰作？

我国奥运工程建设达到了国际领先水平，拥有自主知识产权的成果很多。在自主创新方面的突出表现为：第一，施工技术创新，最具代表性的是钢结构施工技术；第二，施工工法创新，施工单位编制了40多项施工工法；第三，标准创新，建设单位编写了50多项奥运工程专项技术标准；第四，材料创新，中国奥运工程所用的新材料多达几百种。